醉庭院系列

西方花园设计

理想·宅 编

机械工业出版社
CHINA MACHINE PRESS

本书以精美的实景图片，翔实周到的文字分析，一步步将西方庭院风格中出现的常用及特有的材料、植物和小品做了详细介绍，不仅展示庭院设计的魅力和要点，更增加了一份生活情趣。不论您是景观设计师，还是拥有庭院的业主，或者是庭院设计的爱好者，都可以从中找到对自己有益的思路和创意。本书可参考性极强，相比市场上同类图书，主题内容更新、包含可参考的内容更多。

图书在版编目（CIP）数据

西方花园设计 / 理想·宅编. — 北京 ：机械工业出版社，2015.4
（醉庭院系列）
ISBN 978-7-111-51049-9

Ⅰ. ①西… Ⅱ. ①理… Ⅲ. ①花园－园林设计－西方国家 Ⅳ. ①TU986.2

中国版本图书馆 CIP 数据核字 (2015) 第 177753 号

机械工业出版社（北京市百万庄大街 22 号 邮政编码 100037）
策划编辑：张大勇　责任编辑：张大勇　版式设计：骁毅文化
责任校对：白秀君　封面设计：骁毅文化　责任印制：乔宇
保定市中画美凯印刷有限公司印刷
2016 年 1 月第 1 版第 1 次印刷
210mm × 225mm · 7 印张 · 150 千字
标准书号：ISBN 978-7-111-51049-9
定价：38.00 元

凡购本书，如有缺页、倒页、脱页，由本社发行部调换

电话服务
服务咨询热线：（010）88361066
读者购书热线：（010）68326294
（010）88379203

网络服务
机 工 官 网：www.cmpbook.com
机 工 官 博：weibo.com/cmp1952
金 书 网：www.golden-book.com
教育服务网：www.cmpedu.com

前　言

p r e f a c e

当花园与人们的住宅紧密相连的时候，花园就变成了今天美好的私家庭院。在当代的都市生活中，人们更加注重庭院的创造，这不仅代表了一种文明，寄托了当地人对生存环境的理想，更是都市人在钢筋水泥丛林中努力接近自然的一种重要方式。

在理想的庭院中你能享受大自然的恩泽，能找到和室内一样的家的感觉。与朋友在花架下用餐、围着火炉烧烤聊天、倚着平台栏杆眺望美景、与孩子在草坪上嬉戏……也就是说，要把许多原本在室内的活动移到户外花园中进行，家的范围大了，家庭生活也因有自然的惠顾变得更有诗意、更有品质。

庭院设计和室内设计不同，室内是一个相对封闭的空间，其设计大多以功能性为主；而庭院在创造出温馨、舒适、自然的氛围的同时，还要满足人们对回归自然的迫切渴望。其实一个庭院的设计营造成功与否，与面积大小无关，与造价高低无关，与是否豪华无关，而是取决于这个庭院能否和主人的心灵进行对话。庭院不是权力和地位的代名词，而是主人一家享受天伦之乐的“一方净土”。

本书所选取的庭院案例均是设计师和业主不断沟通、不断完善的结果，本书除了提供一张张实景照片、一条条解释说明，更为主要的是阐述了对庭院、对家、对生活的理解。

本书编委会成员包括：刘杰、于兆山、蔡志宏、邓毅丰、黄肖、刘彦萍、孙银青、肖冠军、赵莉娟、李小路、李小丽、周岩、张志贵、李四磊、王勇、安平、王佳平、马禾午。

目 录

前言

第一部分 西方庭院造景材料

西方庭院通用造景材料 2
地中海风格的庭院造景材料 14
田园风格庭院的造景材料 21
现代都市风格的造景材料 33

第二部分 西方庭院植物布景

西方庭院通用植物材料 46
欧式风格庭院的植物布景 52
地中海风格庭院的植物布景 61
田园乡村风格的植物布景 72

第三部分 西方庭院小品装饰

西方庭院通用小品装饰 82
欧式风格庭院的小品装饰 97
地中海风格庭院的小品装饰 103
田园乡村风格的小品装饰 107
现代都市风格的小品装饰 111

第四部分 精品案例赏析

案例1 翡翠绿洲 116
案例2 英式绿洲 122
案例3 同乐园 126
案例4 欧式情趣 130

P.27

植物与家具的结合，体现了人与自然的高度和谐。

P.95

简单的一把椅子放在盆栽之中，充满了野趣。

第一部分

西方庭院造景材料

西方庭院通用造景材料

木材是一种自然造园要素，它可以增强庭院的天然感和形式美，而且可以随着时间的推移而产生微妙的自然变化。木材质地较之钢铁、混凝土松软，色彩也更柔和，时间久了，还会有藻类、地衣、苔藓附着在上面，植物的颜色与木料自身的颜色融合在一起，形成丰富的视觉效果。木材具有良好的加工性能与造型性能，可以制作各种园林小品。

木桥是有水庭院中最常见的一种装饰，通过小桥的装饰使庭院在感官上显得面积更大。

防腐木平台与遮阳伞及木家具的结合使小院多了一份休闲的意境。

木栅栏与木平台的组合使庭院充满了层次感。

塑木有其与生俱来的缺陷，翘曲、变形和开裂是露天园林小品最常见的现象，木材的心材和边材胀缩率不一致，处在室外环境中的木材的吸湿与平衡含水率随空气温度、湿度的变化而变化，是引起上述现象的原因。

用绳子将几根木质的装饰物连接后，形成一道安全的保护装置。

实木是庭院最常见的材料之一。保持实木的原汁原味，融合户外景致，可以使庭院具有浓郁的乡村气息。实木可用来制作景墙、建筑立面等，能使得整个庭院情调倍增。由于要经受长久的日晒雨淋，户外实木的选材非常讲究，只有少数几个材质色泽特别稳定的木种可以胜任。

庭院中常用的木材来自针叶树和阔叶树。针叶树材质一般较软，生产上又称软材。阔叶树种类繁多，统称杂木。其中材质轻软的称软杂，如杨树、泡桐等；材质硬重的称硬杂，如麻栎、香樟等；特别坚硬的木材，则称为“硬木”，如柚木、菠萝格、紫檀等。

防腐木平台使庭院的层次更加鲜明，也为业主提供了休闲的空间。

在开阔的庭院中使用木材铺地，可以产生一种坚固又轻盈的感觉，还强调出空间的延伸感。木材铺装可以和很多不同风格的建筑相融合，特别是在植物中铺设木质园路效果最好。木材还可以做成台阶、栏杆、扶手、围墙等，所以木材是一种很好的庭院材料。

砾石与卵石相结合，使小院更加有层次感，也更加有流动感。

砾石价格低廉，常常作为一种临时性的铺地材料，有时用来铺筑庭院小径。除非地面已夯实，否则砾石往往会陷入土壤中，从而使路面变得凹凸不平。砾石可用于植物之间以创造一种镶嵌式的设计，或铺设在石板等其他硬质材料之间。

石材的艺术化组合，常常离不开草。石与草的关系也是庭院艺术中最易出彩的“点”之一。在现代庭院的艺术布局中，石的自然与花草的清新，实为绝配。高株的兰草、鸢尾，矮株的石竹、地藓等，都是常用之选。

在水池的旁边砌上不同形状的石材，营造了小院自然的感觉。

在庭院的小路旁种上各式植物，让小院更有层次感。

铺装材料的大小、形状，除了要与环境、空间相协调，还要适于自由曲折的线型铺砌，这是降低施工难度的关键。表面粗细质感要适度，如果使用频率比较高，不能太粗糙以方便儿童车通行，也不能太光滑让人在雨天行走时滑倒。铺装材料的大小还要与路面宽度相协调。

庭院的台阶可以连接高低不同的地面，起到连接的作用，使小院成为一个整体。

铺装图案的尺寸与场地大小有密切的关系。大面积铺装应使用大尺度的图案，这有助于表现统一的整体效果，如果图案太小，会显得琐碎。铺装材料的尺寸也影响到使用功能。通常大尺寸的花岗石等板材适宜大面积庭院，而中、小尺寸的地砖和小尺寸的沙砾，更适用于一些中、小面积空间。

瓷砖的铺贴效果非常规则，这样也更加要求施工技术。

砖是一种很流行的铺地材料，可铺设成各种图案，适用于水池的周边、庭院小径和台阶等地面的铺设。砖一般分为两种：黏土砖和混凝土砖，从价格上说，混凝土砖要比黏土砖便宜些，但从色彩上说，黏土砖比混凝土砖更丰富多彩。

庭院铺装表现的形式多样，但万变不离其宗，主要通过形状、色彩、质感和尺度四个要素的组合产生变化。铺地的色彩应与庭院空间气氛协调，如儿童游戏场可用色彩鲜艳的铺装，而休息场地则宜使用色彩素雅的铺装。灰暗的色调适宜于肃穆的场所，但很容易造成沉闷的气氛，用时要特别小心。

草坪中的石材铺路通向休闲的平台，这样的设计使业主一进入小院就有一种舒适的感觉。

小院的烧烤台设计是非常好的，夏天在小院中可体验一把烧烤的乐趣。

地中海风格的庭院造景材料

大量的白色与蓝色是地中海风格的标志，白色的建筑物显得格外的清新干净。

地中海园林风格是一个较为庞大的风格流派，因为环绕着地中海的欧洲国家如西班牙、希腊、意大利等无一不是历史传统悠久的文明古国。不同的民族文化背景和不同的民族风俗造就了不同的地中海园林风格。一般来说，地中海风格的形成与地中海沿岸独特的气候有关，它所呈现的基调是蓝色的浪漫情怀，海天一色，艳阳高照的纯美自然。

在小院一角设计一个小的花坛能为小院增色不少。

意大利与西班牙营造的地中海风格，既有相同的地方，也因各自的地理特征而显示出了不同的风情。如意大利的托斯卡纳园林，是通过采用自然弧线的设计语言，以及利用天然材质及自然式精致的水景结合富有乡野气息的造景方式，打造乡野浪漫的地中海风情；而西班牙园林风格除了带有强烈的地中海风情外，更具有它独特的一面。因受宗教的影响，西班牙风格显得更为内敛、沉稳，景观装饰风格更带有贵族气质。

随着时间的推移，现代的地中海园林风格在运用的过程中呈现出了不同的设计手法：室内和室外的分界线被有意识地模糊了；露天餐厅、花架、阳伞是园内最常见的内容。露天就餐的悠闲和纯朴的生活方式都反映在总体的庭院设计中。地中海风格的庭院很符合现代被称之为“户内一户外”的生活方式，并且保留了传统中最具地中海特征的水元素，一种被称之为“无界水池”的游泳池正是这类庭院特色的具体呈现。无论是澳大利亚黄金海岸范思哲酒店的游泳池还是杭州良渚文化村阳光天际的开放式喷水池，都充分演绎了传统与现代结合的地中海风情典范。

防腐木的椅子上摆放着各种盆栽，让小院充满了人与自然的和谐。

墙壁的设计非常实用，竖向的墙壁做成格子的样子，成为室外收纳的好创意。

刷满了石灰水的石筑白墙、褐红色的陶罐及地面铺装、浓绿树木、深蓝色的海洋与蓝天和鲜红或粉红的花组织出地中海庭院强烈的色彩。

木质格栅上爬满了各色植物，让格栅不显得单调，也让植物有了很好的依靠。

田园风格庭院的造景材料

植物缠绕在木制的园门上，增加了门的美观性，也使人们感到自然之美。

石头台阶与两旁的植物形成了天然的田园环境，多彩的花朵使花园充满了热烈奔放的感觉。

浪漫主义田园风格是英格兰田园、爱尔兰田园、维多利亚田园等风格的融合，其中主要以英式田园风格庭院为代表。一提起田园风格的庭院，便会唤起人们对那富有传奇色彩的绿地，古朴华丽的庄园，带花边的亚麻桌布，贝里克的艺术陶瓷等庭院意境的想象。英格兰、爱尔兰田园风格的庭院可能源于维多利亚后期的风格，但从现代意义来说，田园风格的庭院要远丰富于某个特定时期的风格，它向往自然，渴望一尘不染，是人们理想生活的体现。

栏栅上挂满了绿色的盆栽，使之成为了一道美丽的风景墙。

在自己的小院设计一个小菜园，不仅能满足人们劳作的需要，更是不可多得的风景。

植物与家具的结合，体现了人与自然的高度和谐。

四处盛开着五颜六色的鲜花，繁密的玫瑰花丛伸出了墙头，菜园里的蔬菜生机盎然，这是一个弥漫着花香的浪漫式庭院。庭院里，有碎石铺成的小路、茂盛的植物和布满爬山虎的拱门和凉亭。装饰细节还体现在旧水桶、生锈的金属家具和褪色的陶土水罐。庭院的另一部分，可以建造水景，不同区域之间可以用一些蜿蜒的小径加以连接。

木质的园门设计与院内的植物完美结合，同时使整个庭院增加了大自然的气息。

美式田园风格，又称美式乡村风格，具有干净简约、高雅实用的特色，属于自然风格的一支，倡导“回归自然”，在环境中力求表现悠闲、舒畅、自然的田园生活情趣，常运用天然木、石、藤、竹等材质质朴的纹理。巧于设置绿化，创造自然、简朴、高雅的氛围。美式乡村风格展现生活的舒适和自由，使人们就像生活在乡间自然风景中一样，环境散发着自然、怀旧及泥土的芬芳。抛弃了烦琐和奢华，既简洁明快，又温暖舒适。美式乡村风格的色彩以自然色调为主，绿色、土褐色最为常见，充分显现出乡间的朴实味道。

坐在周围都是植物的平台上休息，是现在人们不可多得的体验，可以放松心情。

提起美式庭院，人们的感觉往往都是整齐大气，在自然的气息中体会到温馨和舒适。在庭院设计上，美式庭院应该是规划起来最容易、最简单的风格之一。其庭院的气氛严谨中带有随意，其中包括修剪得非常得体的草坪和灌木，笔直的路径和大量绿色植物。可以说，美式庭院更像是室内简约装修风格的户外版本。

法式田园风格完全使用温馨简单的颜色及朴素的家具，以人为本、尊重自然的传统思想为设计中心，使用令人备感亲切的设计因素，创造出如沐春风般的感官效果。属于自然风格系列。

两旁都是植物的小路通向远处休闲的亭子，有一种让人迫不及待的向往。

铁艺的园门与红色的砖墙形成了很好的设计，这样的设计是田园风格的最好体现。

随意、自然、不造作的装修及摆设方式，营造出欧洲古典乡村居家生活的特质，设计重点在于拥有天然风味的装饰及大方不做作的搭配。

法式田园少了一点美式田园的粗犷，少了一点英式田园的厚重和浓烈，多了一点大自然的清新和一点普罗旺斯的浪漫。

倡导“回归自然”，美学上推崇“自然美”，认为只有崇尚自然、结合自然，才能在当今高科技快节奏的社会生活中获取生理和心理的平衡。因此南亚田园风格力求表现悠闲、舒畅、自然的田园生活情趣。在南亚田园风格里，粗糙和破损是允许的，因为只有那样才更接近自然。南亚田园装饰风格的用料崇尚自然，砖、陶、木、石、藤、竹等越自然越好。

南亚田园风格的家具风格显得粗犷但平和而容易接近。材质多为柚木、光亮感强，也有藤等材质的家具。做旧工艺多，并喜做雕花。色调以咖啡色为主。

铁艺的桌椅，给人们创造了很好的休闲空间，在庭院中也是非常好打理的。

现代都市风格的造景材料

现代主义风格体现的是一种简约之美。现代风格的庭院最适宜建造在现代主义风格或 20 世纪末建成的建筑的周围。当然任何建筑，只要不是很典型的规则风格，都可以配合现代风格的庭院。色彩对比比较强烈，颜色艳丽多彩。构图灵活简单；在形状方面，主要是简单的长方形、圆形和锥形，既美观大方，又不乏实用性。

遮阳伞与休闲家具的设计让小院多出一个休闲的空间，也为小院增加了一景。

硬朗的砖石层层向上，增加了小院景观设计的层次感。

瓷砖的不规则镶贴让立面产生了凹凸的感觉，给人一种强烈的现代设计感。

石块、鹅卵石、木板铺设的地面。钢材、混凝土及经过镀锌处理的材料（包括光亮表面和锈色效果表面）以及玻璃和钢丝的应用。

混凝土是指由胶结料（有机的、无机的或有机无机复合的）、颗粒状骨料、水以及需要加入的化学外加剂和矿物掺合料按适当比例拌制而成的混合料，或经硬化后形成具有堆聚结构的复合材料（普遍是以胶凝材料、水、细骨料、粗骨料，需要时掺入外加剂和矿物掺合料，按适当比例配合，经过均匀拌制、密实成型及养护硬化而成的人工石材）。

在水池上修建几个平台，增加了很多的乐趣，提供了很好的游乐场所。

水泥的选择：通常采用硅酸盐水泥、普硅水泥或矿渣水泥，对水泥的基本要求是：

相同强度等级时，选择富裕系数大的水泥，因为水泥是使混凝土获得强度的“基础”；

相同强度时选择需水量小的水泥。水泥的标准稠度需水量在 21% ~ 27%，在配制混凝土时采用需水量小的水泥可降低水泥用量；

选择 C3S 高、C3A 低 (<8%)、碱含量低 (<1%)，比表面适中 (3400 ~ 3600cm^2/g)、颗粒级配好的水泥；

合理使用不同强度等级的水泥。配制 C40 以下的流态混凝土时应用 32.5MPa 普硅水泥；配制 C40 以上的高性能混凝土应用 42.5MPa 硅酸盐水泥或普硅水泥；

针对不同用途的混凝土正确选择水泥品种，如要求早强或冬季施工尽量采用 R 型硅酸盐水泥，大体积混凝土宜采用矿渣水泥或普硅水泥。

墙面瓷砖的镶贴，让墙面更加有整体性，与植物相结合立体感更加强烈。

常用的矿物细掺料有粉煤灰、磨细矿渣、沸石粉、硅粉等。配制商品混凝土时对矿物细掺料的基本要求是：

售价低、具有一定的水化活性，能替代部分水泥，在保证强度和其他性能的情况下，应多掺矿物细掺料，使混凝土的成本降低；

需水量比小 (<100%)，颗粒级配合理能提高拌合物的流动性；

合理使用不同品种的细掺料，配制 C60 以下的流态混凝土时采用 II 级粉煤灰，C60 ~ C80 采用 I 级粉煤灰或磨细矿渣，100Mpa 以上的高性能混凝土掺硅粉。

小院

大门的设计简洁、大方，门的颜色与墙面的颜色形成鲜明的对比。

进门的阳光棚给人一种凉爽的感觉，也提供了良好的停车环境。

细骨料：砂子的颗粒级配合理、含泥量低有利于强度和工作性的提高。人工砂和风化山砂的需水量大、颗粒形状和级配不合理使拌合物流动性下降。河砂是理想的细骨料，使用时应正确选择细度模数。配制高强混凝土时应用粗砂，普通流态混凝土用中砂。砂子的细度模数影响混凝土的砂率和用水量，砂率高用水量大，坍落度损失快。砂率偏低容易产生泌水和离析。

粗骨料：石子的最大粒径和级配影响混凝土的用水量、砂率和工作性。配制高强混凝土和高性能混凝土时应采用高强度的碎石，其最大粒径应为 19mm 或 25mm，因为高性能混凝土的强度几近为石子强度的二分之一。普通流态混凝土采用最大粒径 25mm 或 31.5mm 碎石，采用泵送工艺时石子最大粒径应小于泵出口管径的三分之一，否则产生堵泵现象。市场连续级配的碎石较少，多数为单一粒级，这时应采用二级配石子。若采用单一粒级的石子应提高砂率。

白色的栏杆方便了老人与儿童的出行，曲折的走廊遮挡了人们的视线，在视觉上增加了庭院的面积。

混凝土所用的外加剂应包括：引气减水剂、高效缓凝引气减水剂、缓凝减水剂、高效缓凝减水剂、泵送剂、高效泵送剂等。选择外加剂的原则：

根据所配制的混凝土类型选择相应的外加剂品种；

根据混凝土的原材料、配合比和强度等级确定对外加剂的减水率和掺量的要求；

根据工程类型、气候条件等因素，确定对坍落度损失程度、凝结时间和早期强度的要求；

其他特殊要求（如抗渗性、抗冻性、抗侵蚀性、耐磨性等）。

镀锌处理过的材料

处理费用低：热浸镀锌防锈的费用要比其他漆料涂层的费用低。

持久耐用：在郊区环境下，标准的热镀锌防锈层可保持50年以上而不必修补；在市区或近海区域，标准的热镀锌防锈层则可保持20年而不必修补。

可靠性好：镀锌层与钢材间是冶金结合，成为钢表面的一部分，因此镀层的持久性较为可靠。

镀层的韧性强：镀锌层形成一种特别的冶金结构，这种结构能承受在运送及使用时受到的机械损伤。

全面性保护：镀件的每一部分都能镀上锌，即使在凹陷处、尖角及隐藏处都能受到全面保护。

省时省力：镀锌过程要比其他的涂层施工法更快捷，并且可避免安装后在工地上涂刷所需的时间。

不锈钢指耐空气、蒸汽、水等弱腐蚀介质和酸、碱、盐等化学侵蚀性介质腐蚀的钢材，又称不锈耐酸钢。实际应用中，常将耐弱腐蚀介质腐蚀的钢称为不锈钢，而将耐化学介质腐蚀的钢称为耐酸钢。由于两者在化学成分上的差异，前者不一定耐化学介质腐蚀，而后者则一般均具有不锈性。

两株绿色植物与乳黄色的墙壁相辅相成。

第二部分

西方庭院植物布景

西方庭院通用植物材料

小庭里的植物

垂直的线条在花园侧边或露台等小空间的景观中，被设计得淋漓尽致。毛竹更多地用在较小的庭院空间，通常自然的落叶类植物因具有俊美挺拔的树干而备受青睐。这类空间多采用单株植物，它的形体、色彩、质地、季相变化等被充分发挥；丛植、群植的植物通过形状、线条、色彩、质地等要素的组合以及合理的尺度，加上不同绿地的背景元素（铺地、地形、建筑物、小品等）的搭配，为景观增色，能让人在潜意识的审美感觉中调节情绪。

一条小路通向远处高大树木掩映下的园门，使得小院显得更加的深远。

廊架与高大植物相呼应，在廊架下行走，也能很好地欣赏景色。

如主人有足够时间和兴趣，可定期、细致地养护园中植物的话，则可选择较为规则的布局方法，将耐修剪的黄杨、石楠、栀子等植物修剪成整齐的树篱或球类，让环境更华美和精致，尤其在欧式建筑的小庭院中，应用规则式整形树木较多。而这一风格可因地制宜用于大庭院或小局部。

花草种植方式

很多庭院湿度较大，这些对于许多花卉的生长都是不利的，且容易使花卉产生病虫害。克服这些不利条件的重要办法，就是改地栽为盆栽，架设台阶提高位置。台阶应设在院内光照时间最长的地方，最底层离地 30cm 以上，前后层高度相差 20 ～ 30cm。台阶或用砖砌，或架木板，或架水泥板均可。由于位置的提高，光照就相应增多，湿气也随之减少，植株间距变大，通风自然也流畅。

喷泉、水池与植物的结合，让小院充满了自然的感觉。

水池边缘的种植方式

为使庭院水景更为丰富多彩，水池边缘可选用一些适宜于浅滩、沼泽地生长的植物。合理配置横卧水面和直立水边的各种植物，形成错落有致，交相辉映的水景，将使夏季庭院变得更为清凉宁静，舒适宜人。

水池旁边种植一些喜欢水的植物，在这样的环境里游泳休闲非常的清爽。

方便的盆栽

盆栽便于摆放和更换，特别适合缺乏种植经验或没有时间打理、照料植物的人士。选择恰当的花器能为简单的庭院点缀出独特的风格，比如褐红色的陶土罐配合天然石材能烘托出质朴的韵味。

本案的盆栽植物摆放非常灵活，这样使业主每天都可根据自己的喜好重新布置，每天充满不同的乐趣。

欧式风格庭院的植物布景

植物与建筑物交相辉映，使得业主仿佛生活在园林深处。

欧式园林讲求规则，体现人工美，以法国和意大利园林为代表，修剪整齐的灌木和模纹花坛是法国和意大利园林的特色，这类园林甚少使用色彩，花坛里只种颜色单一的同种植物。园木大多为观叶类、灌木类和树木。花坛略带色彩，花草也用得十分稀少，整个园林中植物应用种类较少，四季植物应用不明显，四季变化不大，给人一种高度统一和规整的美。

烧烤炉在植物的映衬下，也不那么显眼，与植物形成了一个整体。

一排排整齐的树木种植在墙边，似乎在欢迎着前来的人们。

落叶乔木：梧桐、枫树、水杉、池杉、银杏、鹅掌楸、悬铃木、榆树、黄葛树、蓝花楹、杜英。

常绿乔木：雪松、南洋杉、柳杉、罗汉松、湿地松、香樟、榕树、水晶蒲桃、桂花、楠木、天竺桂。

落叶小乔木：紫叶李、白玉兰、紫玉兰、二乔玉兰、樱花、紫薇、黄花决明。

常绿小乔木：塔白、侧柏、千头柏、珊瑚树、石楠、日本珊瑚树。

落叶灌木：月季、黄刺玫、棣棠、紫叶小檗、锦带花、火棘。

常绿灌木：红继木、黄金叶、小叶女贞、金边六月雪、雀舌黄杨、瓜子黄杨、大叶黄杨、石楠、四季桂、含笑、海桐、构骨、蚊母、栀子、丝兰、南天竹、珊瑚树、茶梅、山茶 、春鹃、夏鹃、西洋鹃。

砖石的院墙搭配木质的格栅，使小院更加私密。

大片的草坪使业主们视线相当的开阔，也可以在草坪上尽情地玩耍。

圆形的种植包裹着高大的树木，使得这里非常的协调。

观花植物：紫叶李（3～4月）、白玉兰／紫玉兰／二乔玉兰（3～4月）、郁金香（春）、葡萄风信子（春）、锦带花（4～5月）、贴梗海棠（4月）、春鹃（4～5月）、红继木（4～5月）、黄刺玫（4～5月）、棣棠（4～5月）、红花酢浆草（花期4～10月）、夏鹃（5～6月）、白兰花（5～9月）、四季桂（5～9月）、月季（5～10月）、六月雪（6月）、萱草（6～8月）、玉簪（6～8月）、木槿（6～9月）、紫薇（7～9月）、美人蕉（夏秋）、黄花决明（全年均能开花，但以9～10月为盛期）、西洋鹃（10月～次年4月）。

藤本植物：常春藤、紫藤、爬山虎、九重葛、凌霄、爬山虎。

草坪地被植物：剪股颖、狗牙根、结缕草、沿阶草。

欧式庭院的植物布置整体很少使用鲜艳色彩的。这与日式庭院和中式庭院植物布置是不同的。

小小的篱笆在这里关住了花朵，却有几枝不听话的从中冒出头来。

绿色的草坪与红色的小路形成了鲜明的对比。

上述植物是欧式庭院中常见的植物，业主可以根据自己庭院的大小和布置情况，以及气候条件和自己喜爱的植被，选择合适的欧式庭院植物，只要注意庭院植物的装饰原则，就可以让庭院显得更加有生命和活力，更加亲近大自然。

地中海风格庭院的植物布景

地中海式园林：营造具有亚热带风情的园林景观，必须配置大量的棕榈科植物和色彩绚丽的花灌木，由地上、墙上、木栏上处处可见的花草藤木组成的立体绿化等，植物空间层次分明。

东南亚风格的植物相当茂盛，这样使得格栅看上去在植物的包围当中。

落叶乔木：蓝花楹、凤凰木、梧桐、合欢、榆树、榔榆、黄葛树、刺槐、鹅掌楸、重阳木。

常绿乔木：羊蹄甲、榕树、橄榄、木麻黄、银桦、桉树、白兰花、南洋杉、蒲桃、桂花、壳楠、楠木、广玉兰。

落叶小乔木：紫荆、紫叶李、紫薇、白玉兰、紫玉兰、二乔玉兰。

常绿小乔木：夹竹桃、白千层、红千层、台湾相思、石楠、日本珊瑚树。

落叶灌木：月季、棣棠、木槿、金丝桃、石榴、紫叶小檗、黄刺玫、木本绣球、扶桑、夜来香、茉莉、非洲茉莉。

在水池的旁边种植一圈植物，起着提醒及保护的作用，也非常好看。

在墙边种植一些低矮的植物，使得院落多了很多的绿色。

常绿灌木：春鹃、夏鹃、西洋鹃、山茶、茶梅、海桐、蚊母、四季桂、含笑、十大功劳、构骨、大叶黄杨、雀舌黄杨、苏铁、栀子、红继木、黄金叶、小叶女贞、毛叶丁香、火棘、六月雪，变叶木、双色茉莉。

棕榈科植物：棕榈、蒲葵、王棕、假槟榔、棕竹、袖珍椰子、散尾葵、鱼尾葵、针葵、大王椰子、国王椰子、中东海枣、加拿利海枣。

在大面积的平台上设计一个不规则的花坛，使得平台不再单调。

春季：白玉兰／紫玉兰／二乔玉兰（3～4月），紫荆（3～4月），贴梗海棠（3～4月），紫叶李（3～4月），火棘（春），含笑（4～5月），黄刺玫（4～5月），绣球绣线菊（4～6月），棣棠（4～5月），红花继木（4～5月），紫叶小檗（4～5月），迎春（2～4月），蓝花楹（5月），双色茉莉（开花两次，早春和秋，早春开花最盛）。

平静的水面上种植一些水生植物，让水面也充满生机，更节省了陆地的空间。

夏季：白兰花（5～9月），金丝桃（6～7月），石榴（5～6月），木本绣球（5～6月），夹竹桃（5～10月），六月雪（5～6月），半支莲（5～10月），菖蒲（5～7月），萱草（5～8月），广玉兰（6～7月），凤凰木（花期5～8月），蒲桃（夏），夹竹桃（夏），木槿（6～9月），扶桑（夏、秋），凤尾兰（夏秋），丝兰（6～7月），紫薇（6～9月），木槿（7～9月），千屈菜（6～10月），唐菖蒲（夏、秋），美人蕉（夏、秋），石蒜（7～9），月季（5～10月）、茉莉（6～10月）。

秋季：四季桂（一年开花数次，但仍以秋季为主），羊蹄甲（10月），桂花（9月），夜来香（晚香玉）（7～11月），紫薇（6～9月），扶桑（夏、秋），凤尾兰（夏秋）。

冬季：茶梅（11月～次年4月），山茶（冬～次年春），叶子花（九重葛、三角花）（冬～春）。

三株高矮不同的植物将园路的走势表现无疑。

石槽里种植着各种不同的植物，硬朗中夹杂着柔弱的美。

藤本植物：紫藤、蔷薇、九重葛、油麻藤、常春藤、凌霄、葡萄。

肉质多年生植物：仙人掌、蟹爪兰、玉树、仙人指、玉翁、白琥。

湿生、水生植物：唐菖蒲、鸢尾、千屈菜、旱伞草、水葱、睡莲。

草坪地被植物：沿阶草、剪股颖、野牛草、草地早熟禾、细叶结缕草、狗牙根、马蹄金。

适合地中海庭院种植的植物种类很多。但是，地中海干旱多阳，因此，地中海庭院中少有草坪，软地区域多为地被。地中海风格庭院常见的植物有仙人掌、多肉植物和棕榈树，还有针叶类植物，此外无花果和葡萄也都是必不可少的。棚架——地中海庭院的典型特征之一，可种植一些攀缘植物如叶子花、凌霄和白色茉莉花都是地中海庭院的经典植物。

田园乡村风格的植物布景

田园风格庭院常用植物

田园风格园林讲究自然、自由、奔放的个性，植物应用营造出视野开阔的环境，大型乔木和草坪被大量使用，小乔木应用不是很多，但是花卉类植物应用较多，喜欢模拟自然界中林地边缘地带多种野生花卉交错生长的状态，以宿根花卉为主，配以花灌木、一二年生花卉、球根花卉等，表现植物的个体美及植物组合的群体美。

在平台的旁边种植了长势茂盛的植物，使庭院充满了野趣。

园墙与小路之间种植的植物，看似渺小，却起着非常重要的作用，使得园墙与小路的衔接更加自然。

落叶乔木：榆树、榔榆、二球悬铃木、枫香、喜树、槐树、黄葛树、银杏、合欢、重阳木、鹅掌楸、刺槐、蓝花楹、泡桐、杜英。

常绿乔木：广玉兰、香樟、羊蹄甲、银桦、榕树、桂花、白兰花、水晶蒲桃、女贞、黑壳楠、印度橡胶榕、楠木、天竺桂。

落叶小乔木：白玉兰、紫玉兰、二乔玉兰、紫叶李、紫薇、樱花、碧桃、垂丝海棠、紫荆、木芙蓉、石榴、鸡爪槭。

常绿小乔木：石楠、枇杷、日本珊瑚树、夹竹桃。

落叶灌木：月季、贴梗海棠、木槿、花石榴、紫叶小檗。

常绿灌木：山茶花、茶梅、栀子、大叶黄杨、雀舌黄杨、红继木、黄金叶、小叶女贞、毛叶丁香、春鹃、夏鹃、西洋鹃、四季桂、洒金珊瑚、双色茉莉、金边六月雪、萼距花、鹅掌柴、十大功劳、南天竹、蚊母、含笑、海桐。

一株灌木植物的种植，使得小路拐弯处更加自然。

观花植物

春季：喇叭水仙（3～4月）、鸢尾（4～5月）、葡萄风信子（春）、郁金香（3～4月）、迎春（2～4月）、白玉兰／紫玉兰／二乔玉兰（3～4月），泡桐（3～4月）、紫荆（3～4月）、贴梗海棠（3～4月）、紫叶李（3～4月）、火棘（春）、含笑（4～5月）、紫花泡桐（4～5月）、蓝花楹（5月）、垂丝海棠（4～5月）、红花继木（4～5月）、四季海棠（4～12月）、雏菊（4～6月）、紫藤（4～5月）、三色堇（4～6月）刺槐（5月）。

夏季：葱兰（夏秋）、美人蕉（夏秋）、萼距花（全年均可开花，盛花期在夏季）、四季桂（5～9月）、栀子（6～8月）、白兰花（5～9月）、石榴（5～6月）、月季（5～10月）、南天竹（5～7月）、夏鹃（5～6月）、萱草（5～8月）、金银花（5～7月）、合欢（6～7月）、广玉兰（6～7月）、夹竹桃（夏）、五色梅（马缨丹）（夏）、紫薇（6～9月）、唐菖蒲（夏、秋）、睡莲（6～8月）、荷花（6～9月）、一串红（7～10月）、千日红（6～10月）、紫茉莉（夏秋）、半枝莲（6～8月）、凤仙花（6～7月）、大花牵牛（6～10月）、波斯菊（6～10月）、孔雀草（7～9月）、百日草（6～7月）。

在茂盛的植物掩映下，水池的弧线更加圆润，更加自然。

秋季：紫薇（6～9月）、葱兰（8～11月）、桂花（9月）、吉祥草（9～11月）、凤尾兰（9～11月）、鹅掌柴（秋、冬）、常春藤（9～12月）、羊蹄甲（10月）。

冬季：山茶（冬～次年春）、叶子花（九重葛、三角花）（冬～春）、蜡梅（12月～次年3月）、茶梅（11月～次年4月）。

矮小的篱笆与各色的植物形成了小院中完美的一景。

植物、水与鱼使得庭院充满了自然的气息。

藤本植物：叶子花、紫藤、爬山虎、蔷薇、油麻藤、常春藤。

湿生、水生植物：菖蒲、鸢尾、千屈菜、睡莲。

宿根花卉：萱草、沿阶草、阔叶麦冬、鸢尾、菊花。

球根花卉：葡萄风信子、郁金香、喇叭水仙、葱兰、唐菖蒲、美人蕉。

一二年生花卉：千日红、紫茉莉、半枝莲、凤仙花、三色堇、大花牵牛、一串红、雏菊、金盏菊、波斯菊、孔雀草、百日草。

草坪：剪股颖、野牛草、草地早熟禾、细叶结缕草、狗牙根。

田园风格的庭院里的植物品种不要太多，应以一二种植物作为主景植物，再选种一二种植物作为搭配。植物的选择要与整体庭院风格相配，植物的层次要清楚、形式简洁而美观。常绿植物比较适合北方地区。常用的装饰植物有万年青、玉簪、非洲茉莉、丹药花、千叶木、地毯海棠、龙血树、绿萝、发财树、绿巨人、散尾葵、南天竹等。

高低不同的植物与远处的小屋将田园庭院展示得淋漓尽致。

红与粉的大团植物将远处的建筑装扮成只有在英国田园乡间才能看到的美景。

第三部分

西方庭院小品装饰

西方庭院通用小品装饰

用天然的鹅卵石垒出浅水区，在水中点缀一些水培植物，自然景致衍生出又一番别样的情趣。

功能性园林小品

功能性园林小品指为了满足某种使用功能而设置，并经过园林艺术手法的处理，使其同时具有实用性和装饰性的设施。在满足使用功能的前提下，点缀环境、丰富景观。功能性园林小品是城市建设和园林造景中不可或缺的基础设施。它主要包括电话亭、候车亭、街头售货亭、自行车棚、邮筒、垃圾筒（果壳箱）、城市家具（园桌、园椅、园凳）、公共灯具（路灯、园灯、石灯笼）、驳岸、园路、梯级和蹬道、栏杆和护栏、标志指引设施（景牌、指示牌、广告牌等），等等。

具有良好景观性效果

景观装饰作用是园林小品的重要功能之一。园林小品的景观性包括两个方面，一个方面是园林小品的造型、色彩等形成的个性装饰性；另一方面则是园林小品与环境中其他元素共同形成的景观功能。建筑、街道、铺地是硬质景观；植物种植、园林水体是软质景观，山地、丘陵、河流、湖泊是自然景观；各种景观因素相互协调、搭配得体、互相衬托才能使园林小品在城市绿地中，构成良好的城市环境景观。

廊架与休闲家具的设计，使得小院充满了休闲的味道。

园林建筑小品的创作要求

立其意趣，根据自然景观和人文风情，做出景点中小品的设计构思；

合其体宜，选择合理的位置和布局，做到巧而得体，精而合宜；

取其特色，充分反映建筑小品的特色，把它巧妙地融入园林造型之中；

顺其自然，不破坏原有风貌，做到涉门成趣，得景随形；

求其因借，通过对自然景物形象的取舍，使造型简练的小品获得景象丰满充实的效应；

饰其空间，充分利用建筑小品的灵活性、多样性以丰富园林空间；

巧其点缀，把需要突出表现的景物强化起来，把影响景物的角落巧妙地转化成为游赏的对象；

寻其对比，把两种明显差异的素材巧妙地结合起来，相互烘托，显出双方的特点。

绿色的植物与铁艺的园门形成了不错的林荫之路。

在花园里布置一个清新的家庭休闲区，最重要的是营造出亲近和谐的氛围，以轻快明朗的色调和户外餐具来装饰，家人享受庭院生活的愿望就轻松实现了。

铁艺装饰的特点

其一，在使用性能上，铁艺是金属，耐磨耐用，不易破损，较易维护。

其二，在装饰形式上，纹理以曲线及几何图形为主，图案则以动植物（花鸟）为主。构成形式可采用类似中国的勾勒和剪纸手法，形体彼此牵连，点、线、面相结合。图案单元基本是连续重复的，在其中总可找到一个对称点。也有的用堆叠造型的方式，使产品带有浮雕的感觉。

其三，在铁艺的装饰设计上，要考虑对象的用途、使用的具体环境、环境的装饰风格、材料的色调等，同时还要考虑铁艺的加工性能、重量及与其他材料的结合方式。

其四，在图案设计上，现时的流传风格，仍是以欧美式为主。因为人们一向认为，铁艺表现的应该是欧美情调，而东方风格则适合木结构。其实，铁艺同样可以表现东方风格，只是目前人们更习惯用其表现西方的风格。

铁艺的基本知识

1.实用性和装饰性

铁艺施展魅力的机会源于人们对环境美的追求，伴随着一个新建筑、新家庭、新装饰、新店面的诞生，一个铁艺应用的机会就来临了。

2.安全性和通透性

现代都市生活节奏很快，安全感对人们越来越重要。

3.突出展示性

铁艺本身就意味着拥有说不出的富足，拥有铁艺中的珍品，不仅是个人某种情结的张扬，更是对历史的追忆，对异国情调的崇尚。

4.持久性和环保概念

铁艺之所以能在建筑和装饰材料中占有一席之地，是因为铁艺本身有良好的强度、抗风性、抗老化、抗虫害，这是其他材料难以比拟的。

铁艺栅栏是运用广泛的分隔材料，在欧式风格的花园中应用最多。

铁艺的材料和工艺流程

铁艺一般是由钢铁制作，但由于装饰的需要和出于加工的考虑，有时也把合金钢、铜、铝等材料制成的金属装饰物统称为铁艺。

铁艺的加工通常采用的工艺手段是铸造、锻造和焊接，有时也借助机床加工。

欧式风格的铁艺在分隔庭院区域的同时，达到通透的效果；柔和的铁艺图案与周围自然生长的植物相映成趣。

1.前处理

1.1 原辅料验收（扁钢、方钢、焊条、油漆）。

1.2 各原料按企业的验收标准文件规定验收。

1.3 包装材料按企业的检验标准文件规定验收。

1.4 配料。

1.5 打样：由计算机设计图样按比例出小样。

铁艺大门注重直线与曲线的对比，让庭院内外形成良好的视觉动线。

2.加工

2.1 下料：由专业人员根据图样尺寸下料。

2.2 制作：使用设备制作各种花型。

2.3 焊接：由专业焊接人员根据图样焊接成型。

2.4 打磨：由专业打磨人员把焊接成型的产品打磨光洁，无毛刺。

2.5 表面处理：去掉产品表面的油污、铁锈等。

2.6 防锈处理：用热浸镀锌法使产品长久保持不锈。

2.7 油漆：使用高级油漆使产品显现光彩。

3.检验：由各有关人员检验合格，产品必须符合图样标准。

拥簇的攀缘植物与铁艺围栏完美结合，搭配石材的小径，打造出“曲径通幽”的效果。

弧形的铁艺造型打破了围墙硬朗的直线条，沉稳却不乏活泼。

铁艺的保养

目前的铁艺主要是锻钢和铸铁所制造。铁艺制品容易生锈，尤其在南方潮湿的环境中，所以保养的原则最重要的一点是检查防锈层。当发现铁艺的漆层脱落时，应及时进行修补，防止金属体与空气的长时间接触。一般来说，铁艺只要保持良好的漆面，是相当耐用的。

廊架/景墙

廊架／景墙是用刚性材料构成一定形状的格架供攀缘植物攀附的园林设施，又称棚架、绿廊。花架可作遮阴休息之用，并可点缀园景。花架设计要了解所配置植物的原产地和生长习性，以创造适宜于植物生长的条件和造型的要求。

休闲桌椅、花草和水景，都非常美观，引人注目，并与庭院风格整体一致。

秋千不仅仅是实用家具，更是一件吸引目光的户外装饰品。

花架特点

花架是园林绿地中以植物材料为顶的廊，它既具有廊的功能，又比廊更接近自然，融合于环境之中，其布局灵活多样，尽可能由所配置植物的特点来构思花架，形式有条形、圆形、转角形、多边形、弧形、复柱形等。

园林景墙主要功能

隔断，划分组织空间的功能。

围合，标识，衬景的功能。

装饰，美化环境，制造气氛并获得亲切安全感。

现代园林中景墙的主要作用是造景。

跌水墙设计非常完美，使得小院的高低差顿时减少了很多。

现代景墙

现代景墙在传统围墙的基础上注重与现代材料和技术的结合，主要形式有：石砌围墙、土筑围墙、砖围墙、钢管围墙、混凝土立柱铁栅围墙、木栅围墙等。

现代景墙常以变化丰富的线条表达轻快、活泼的质感；或以体现材料质感和纹理，或加以浮雕艺术衬托景观效果。

植物与喷泉的设计相符相乘。

雕塑类型

从表现手法上分为：具象和抽象雕塑。

按雕塑的空间形式分为：圆雕、浮雕、透雕。

按使用功能分为：纪念性雕塑、主题性雕塑、功能性雕塑、装饰性雕塑等。

雕塑设计要点：

注重整体性：雕塑自身的材料、布局、造型的整体，其次是与环境空间、文化传统相统一。

体现时代感：立意（反映当今时代主题），材料(结合现代材料)，形式（体现地域人文精神）

注意与配景的有机结合：与其他景观小品的结合。

简单的一把椅子放在盆栽之中，充满了野趣。

座椅

座椅是园林中最常见、最基本的“家具”，是供游人休息的必要设施。座椅在园林中具有实用功能还有组景点景的作用。兼具观赏、休息、谈话的功能。

标志展示牌

具有易识易读和自明的特点。可运用形、符号、色彩、图案、文字等视觉元素来加以设计。

根据环境特色而设计与之相统一的标志物。

位置的选择，宜人的尺度，考虑人类的视觉习惯。

细小的元素也是营造主题气氛的高手，比如这个充满趣味的指示牌。

欧式风格庭院的小品装饰

座椅和构筑物

这类庭院构筑物较复杂，圆柱、雕像、凉亭、观景楼、方尖塔和装饰墙；其中活动长椅被广泛使用，通常由木料制成，表面不上漆或者涂上一层白漆或淡绿漆。

喷泉的设计相当有大型雕塑的感觉，但是在小院中占地却非常小。

喷泉的设计非常实用，既是景观，又可以当做室外的洗手池。

特色和润饰

日晷、供小鸟戏水的盆形装饰物、瓮缸和小天使；花草容器里种植可修剪植物；放置古典装饰罐或白漆大木箱；粗糙的小壁龛等是这类庭院的典型特色。

地中海风格庭院的小品装饰

Welcome

座椅和构筑物

墙壁、栅栏、格子架、棚架和柱状物都可用来支撑攀缘植物，营造幽静阴凉的环境。座椅上摆放一些具有传统色彩的软垫和垫木以取得柔和效果。木材、藤条和金属则是最受欢迎的装饰材料。在地中海风格的庭院中，陶罐是必不可少的装饰元素。

一把废旧的梯子，几盆茂盛的植物，组成了非常好的景观，使小院非常有层次。

特色和润饰

院内各种形状和大小的陶罐是地中海庭院的一个显著特征。

田园乡村风格的小品装饰

木质秋千椅的设计使小院中充满了童趣，成年人生活在这里也会年轻几岁的。

现代都市风格的小品装饰

进门之后首先看见这样有气势的喷泉，让人们对院落更加充满兴趣。

构筑物

现代风格的庭院属于简约主义的庭院，强调简单的形式，材料都是经过精心选择的高品质材料。此外，创意雕塑品、艺术花盆等是这类庭院的主要装饰元素。同时也可以加入一些天然的元素，例如石块、鹅卵石、木板和竹子等。

特色和润饰

它主要是通过新材料的引用，质感的不同，小品色彩的大胆对比，简单抽象元素的加入等，突出庭院的新鲜时尚超前感。

在石墙上简单地放置一些盆栽植物，简单却不显单调。

第四部分

精品案例赏析

案例 1 翡翠绿洲

设计单位＼主要设计人员：广州·德山德水·景观设计有限公司

该庭院为简欧式自然风格庭院，大面积疏朗自然的种植空间给人舒适美好的感觉。庭院中的泳池，仿佛是一颗镶嵌在绿洲里的夜明珠，不但给庭院带来了美丽的风景，还浸润了庭院空气。泳池的设计也是简约风格，为了与环境相融合，在泳池外围设置了低矮的木栏和植物带，自然式植物配置形式与泳池的结合，使其周边环境更加静谧宜人。

1 别墅花园入口（人行车行+水景空间）
2 自然式-游园小径
3 台阶空间（2边植物处理）
5 幽静闲亭（靠背椅+工作台+洗手盆空间）
6 景观小树池-绿化空间
7 小径
8 现代式-洗手盆
9 休闲平台-座椅空间
10 景观石-循环流水景（布置于大草坪空间
11 汀步
12 矮木栏杆-植物带（隔离游泳池空间）
13 休闲廊架（单边柱）
15 木平台-花池木椅
16 简约式景墙-跌水景（隔离外部空间）
2边树池（鸡蛋花）
17 按摩池 （3面设置栏杆）
18 植物带-隔离外部空间

案例 2 英式绿洲

设计单位：热枋园艺

绿洲比华利花园位于上海最大的别墅群——莘闵别墅区的中心位置，杨先生夫妇搬进这座别墅已经 5 年多了，那时候莘庄这一带人口远没有今天这样密集，夫妇二人都非常热爱园艺，便从喧闹的市区迁到人烟稀少的莘庄来。然而城市发展的速度实在太快，现在这里已经热闹非凡了，小区四周每天涌动着大量的车流人流，住在这样带有花园的房子里也算是闹中取静了。

花园面积 360m²，分为东西南北四个区域，南院占地面积最大，也是最主要的休息活动区。北院是建筑和花园的入口，由西至东分别规划为室外停车库，玫瑰园，香草园，东院主要是从北院进到南院的通道，修筑了一道长约 5m 的玫瑰拱门，西院是蔬菜园。

杨先生有多年在欧洲生活和工作的经历，他和设计师一起把花园风格定位为英式风景园：大片舒缓洒满阳光的草坪，镶嵌着从荷兰进口手工园艺砖的花坛，经过精心色彩搭配的花境·····

在夜景灯光的布置上，为了营造浓郁的夜间氛围，本设计敢于打破传统，改变了建筑投光灯的安装方式，直接将投光灯装在建筑外墙上，光照射到宽阔的草坪上，到了夜间，灯光打开，整个花园就笼罩在醉人的绿色里。

花坛设计是这个花园的重点，带有强烈的英式风格，白色手工拉毛的外墙面，随意点缀陶土色的长条薄片饰面园艺砖，上方压 200mm×100mm×60mm 荷兰砖，花坛内种植四季花草，随着季节变换，各种植物郁郁葱葱。

案例 3

同乐园

设计单位：热枋园艺

案例 4 欧式情趣

设计师：李文华